［澳］蒂姆·弗兰纳里　　［澳］埃玛·弗兰纳里/文

［澳］凯蒂·梅尔罗斯/图

吴华/译

快来！穿上潜水衣，一起去探访……

# 不一般的
# 鲨鱼

陕西新华出版·未来出版社

·西安·

# 强悍的鲨鱼

一条鲨鱼正快速向你游来，你发现了吗？鲨鱼游动时，会左右摆动尾巴，推动鱼雷形状的身体在水中穿梭，并且张开满是锋利牙齿的大嘴，准备迎接一顿大餐。你可能会瑟瑟发抖、绷紧身体，心想：

这顿大餐，
会是我吗？

大部分人类都非常害怕鲨鱼，因为它们确实是恐怖的猎手，身怀绝技，让猎物无处可逃。但幸运的是，不用担心——你并不是鲨鱼最喜欢的食物。

鲨鱼是一种特殊的鱼类，有很多奇怪的特征，比如皮肤上覆盖着牙齿状的小鳞片，骨骼由软骨组成等。

在地球的江河湖海中，鲨鱼的总数超过十亿条，其种类共计500多种，体形样貌各不相同。海洋覆盖了超过70%的地球表面，这意味着鲨鱼比我们拥有更多的生存空间。

鲨鱼是一种神奇的动物。它们已经在地球上存在了很长时间，在海洋中处于统治地位，是**海洋中最凶猛的鱼类之一**。

3

# 鲨鱼在哪里?

世界上有500多种鲨鱼，但它们不会混杂而居。
不同的鲨鱼有不同的栖息地，有些鲨鱼还非常挑剔。
也许在你家附近，就住着一条鲨鱼……

你知道吗？有一种鲨鱼住在黑暗的深海里。
**忍者灯笼鲨**就是这样一种神秘的鲨鱼，2010年才
被人类首次发现。它们身体修长，体长可达45厘
米，小而锋利的牙齿近乎透明。这种鲨鱼拥有一项
惊人的本领：漆黑的身体能发光！科学家认为，这
有助于它们融入光线极暗的深海中，就像披了件隐
形斗篷！这样一来，忍者灯笼鲨就能够躲避危险，
或悄悄地靠近下一餐。

忍者灯笼鲨的命名灵感来自科学家
八岁的表妹。

太酷啦！

**公牛真鲨**冒险进入浅水水域或淡水河流时，有时会与人类不期而遇。它们身体粗大结实，吻端浑圆，体长能达到两三米。大多数鲨鱼只能在大海中生存，这样才能保证身体中有足够的盐分，但公牛真鲨却是个例外，它们的肾脏能够回收盐分，直肠腺能控制盐分排出，这样它们就能够很好地适应盐度的变化，在淡水和海水中都能同样生龙活虎。

　　**虎鲨**生活在热带水域，体长可超过4米，是仅次于大白鲨的第二大掠食性鲨鱼。幼年虎鲨的背上有淡淡的条纹。虎鲨不挑食，螃蟹、海龟、海豹等都是它们的盘中餐。凡是能咬到的东西，它们也都乐意试一试，比如幼鸟、金属、塑料，甚至豪猪的刺！

神奇！

　　**太平洋睡鲨**之所以叫这个名字，是因为它们行动迟缓，就像在水里睡着了似的！太平洋睡鲨生活在地球最北边的北极和太平洋北部的寒冷海域里。它们体长可达5米，相对这个体形而言，鳍就显得很小。平时太平洋睡鲨总是不动声色地悄悄游动，出其不意地偷袭猎物，它们也不挑食，碰上什么就吃什么。

# 鲨鱼的五大特点

**1**

与大多数鱼类不同，鲨鱼没有真正的硬骨，它们的**内骨骼完全由软骨组成**。你可以捏捏自己的鼻尖——对，这就是软骨！软骨比硬骨更软、更韧，但也能保持形状。软骨较轻，因此鲨鱼能游得很快。

**2**

我们吸入空气，并通过肺获得氧气，但肺在水下不能工作。鲨鱼的头部**有五至七对鳃裂**，它们游泳时张着嘴巴，水流不断通过鳃裂，溶解于水中的氧气便就此被身体吸收。

**3**

鲨鱼拥有坚硬的鳍，因此它们游得又快又稳。

**4**

鲨鱼吻部的特殊器官，看起来像两个小孔，叫作"劳伦氏壶腹"。这种器官赋予了鲨鱼**感知电的能力**，使它们能够感知其他生物的电场，也包括我们人类！

**5**

如果从头到尾地抚摸鲨鱼，你就会摸到它们皮肤上的**盾鳞**——结构类似于牙齿的鳞片。其他鱼类的骨鳞会随着鱼的生长而变大，盾鳞则始终很细小。

不管你信不信，人类祖先的**牙齿**可能是由鲨鱼的**盾鳞**历经数百万年演化而来的。

哇！

# 各种体形和外形

不同种类的鲨鱼体形相去甚远，有的像公共汽车那么大，有的却像香蕉那么小，这取决于它们生活在哪里。

我们来看看最特别的！

鲸鲨的体形和一辆校车差不多大。

**侏儒额斑乌鲨**是世界上最小的鲨鱼。它们长着大大的眼睛，皮肤上带有黑色斑纹，生性胆小。它们只在南美洲最北部的海域中出现过几次。

侏儒额斑乌鲨有一种特殊的本领：身体能像灯笼一样发光。它们的腹部和鳍上有微小的光细胞。白天腹部亮起，与上方洒下的阳光配合，隐藏自己。到了暗处，比如夜间或深海，腹部的亮光就成了诱饵，吸引猎物自投罗网。

侏儒额斑乌鲨只有成年人的手掌那么大。

这就是海洋中最大的鱼——**鲸鲨**！这种巨大的鲨鱼是蓝灰色的，皮肤上有白色斑点，生活在温暖的水域。鲸鲨的下颚有1.5米宽，相当于一个12岁孩子的身高。不过人们不用担心会被鲸鲨吞掉，因为它们是滤食性鲨鱼，只吃很小的食物，比如浮游生物和小鱼。为了寻找食物，鲸鲨往往会长途跋涉。

哥布林鲨的体形和老虎差不多。

**哥布林鲨**是以西方民间传说中的小精怪命名的，它们全身上下唯一可爱的地方就是——粉红色的皮肤！它们的吻部像把大号铲子，上颚通过皮瓣与嘴巴相连，能够收缩。哥布林鲨生活在广阔而黑暗的深海中，行动迟缓，但捕食的速度却堪称海洋之最。它们随波逐流，等待机会伏击，当靠近猎物时，哥布林鲨会瞬间伸出上颚将其吞入口中。

鲨鱼的牙齿非常坚固。一条鲨鱼死亡后，最终留下的往往只有牙齿，这些牙齿经过数百万年的石化过程后演变为化石。

# 鲨鱼的牙齿

鲨鱼的巨大嘴巴里长着一排排的牙齿。成年人一般有32颗牙齿，而鲨鱼一生不断换牙，总计有数百颗，因此鲨鱼是世界上牙齿最多的动物。当鲨鱼的一颗牙齿因捕猎、进食而磨损后，马上就会再长出一颗新的牙齿。鲨鱼的牙齿形状各异，这取决于它们喜欢吃哪种食物。

**大白鲨**的牙齿很宽，边缘带有锋利的锯齿，能够锯开大型猎物的厚实皮肉。凭借这样的牙齿，大白鲨得以猎食海豹和鲸。

滤食性的鲨鱼，如**鲸鲨**、**姥鲨**和**巨口鲨**，它们的牙齿很小，甚至无法"咀嚼"。它们吸入大量海水，通过鳃的过滤，将海水排出，只留下其中的浮游生物。

**锥齿鲨**的牙齿又尖又长，能够捕捉灵活、光滑的猎物，如硬骨鱼类和乌贼。它们的牙齿上有两个凸出的尖，叫作"齿尖"。

**澳大利亚虎鲨**的嘴巴看起来就像老奶奶嘟嘴似的！它们的嘴巴形状非常有趣，前部有小尖齿，后部的大牙齿则是白齿状的，有助于咬碎海胆、海螺、螃蟹和蛤蜊等硬壳动物。

# 疯狂进食

一般鲨鱼都是食肉动物，即以其他动物为食。但是，它们并非顿顿都有新鲜猎物可吃，有时也会打扫"剩饭"，或者吃点别的来充饥。当一群鲨鱼围猎一个猎物时，往往会出现"疯狂进食"的行为。它们会特别兴奋，一拥而上，溅起巨大的水花，抢着在猎物被吃光前多咬上一大口……

或许当你和朋友们围着生日蛋糕时也会"疯狂进食"！

12

千万别邀请鲨鱼共进晚餐！

大多数鲨鱼不讲餐桌礼仪，它们连嚼都不嚼，只管用锋利的牙齿撕扯下大块的肉，一口吞下。

　　**雪茄达摩鲨**看起来不太危险，它们身形苗条，只有半米长，吻部圆圆的，鳍也不大。然而它们的牙齿与体形的比例，却是鲨鱼中最大的。雪茄达摩鲨有个绰号——切饼干鲨，不过它们喜欢的是鲜肉口味的"饼干"，而不是巧克力口味的。它们会用厚实的大嘴吸住大鱼或海豚等大型猎物，然后转动身体一拧——噢！一大块肉就切下来了。只要看到猎物身上有饼干形状的伤口，就知道它遭遇过雪茄达摩鲨的攻击。

　　**格陵兰睡鲨**是世界上体形最大、最可怕的鲨鱼之一，行动也最迟缓。它们不仅会捕食猎物，还会凭借超强的嗅觉循着恶臭寻觅食物，以大型动物腐烂的尸体为食。格陵兰睡鲨体长能达到7米，生活在寒冷的深海中，摸索着慢慢挪动，速度比学走路的小孩还慢。

　　格陵兰睡鲨能吞掉一整只死去的海豹，不过因为眼球上有寄生虫，它们视力不佳。**寄生虫**就是寄生在其他动植物身上或体内的生物，会对动植物造成一定伤害。

　　**窄头双髻鲨**是少数不仅吃肉，也吃素的鲨鱼之一。它们头部的形状像铲子，身长不到1米，生活在南美洲、北美洲等温暖的浅海。它们喜欢吃海草，也很乐意吃点儿螃蟹和蛤蜊等。

# 像鲨鱼一样游动

鲨鱼游动的力量和敏捷性都很惊人：有些鲨鱼能够像闪电般疾速下潜，瞬间停驻，并且向任何方向都可以灵活地急转。

如果鲨鱼失去了鳍，就会在水中倾覆、翻倒。坚硬的鳍能稳住它们的身体，推动它们前进，还能像船舵一样随时调整方向，并且能控制深度。一般鲨鱼都有五种鳍：

尾鳍

背鳍

臀鳍

腹鳍

胸鳍

14

如果鲨鱼想用"胳膊"和朋友打招呼，那么它们会挥动胸鳍。胸鳍能为鲨鱼提供升力，就像飞机的机翼一样。

世界上游得最快的鲨鱼是**短鳍灰鲭鲨**。它们凭借流线型的身体能达到每小时50千米的速度。如果你也想达到这个速度，那就只能开车了（成年人跑步的平均速度是每小时12千米）。

为了觅食或寻找伴侣，鲨鱼可以长途迁徙。有记录以来，鲨鱼最长的迁徙距离可跨越半个地球！

鲨鱼不只会在海中水平游动，也会上下潜泳。许多鲨鱼白天潜入海洋深处，夜晚才会上浮到较浅的水域。

鲨鱼的肝脏富含油脂，这些油脂的密度小于水，因此可以为鲨鱼提供浮力。有些鲨鱼甚至靠着放屁来潜泳——真臭！在水族馆中，能看到**沙虎鲨**先是游到水面上大口吸气，然后放一串小屁，让自己潜入合适的深度。

**长尾鲨**拥有最长的尾鳍，它们的尾鳍可达3米长，不但有助于疾速游泳，也能用来猛拍猎物。

大部分鲨鱼必须不停游动，否则就会沉入海底。

噢，不！

# 顶级猎手

在寻找食物方面，鲨鱼堪称专家。除了出色的运动能力，它们还拥有非凡的听觉、视觉和嗅觉。在昏暗的光线下，鲨鱼比我们看得更清楚，在水中，它们也比我们听得更真切、嗅觉也更灵敏。鲨鱼能够感知到200米内的声音和气味，附近如果有受伤的猎物，它们连一小滴血的气味都能闻见。

记住，鲨鱼拥有**电感知能力**，这使它们能够在完全黑暗的环境中捕食，并且能够找到埋在海底的美味。它们的吻部有一种充满胶状物质的小管，叫作"劳伦氏壶腹"，能够探测到其他动物的电场。依靠电感知能力，鲨鱼能够发现完全静止或隐藏起来的猎物，让它们无处可逃。

所有动物都有电场，它来自动物体内不停运转的神经和肌肉。想象一下，要是你也拥有电感知能力，玩捉迷藏时就能感受到朋友的心跳了！

鲨鱼并非唯一具备电感知能力的动物。七鳃鳗、肺鱼等其他鱼类也有。鸭嘴兽的喙部有电感受器，能够帮它找到藏在浑浊水中的猎物。

如果你在水中踢腿，那么距离很远的鲨鱼也能感受到水波传递而来的压力。

鲨鱼有一种特殊的器官——侧线。它沿着身体两侧延伸，能感知水压的变化，还能察觉到100米开外水中的任何动静。

# 交配之谜

大多数种类鲨鱼的交配习性仍然是个谜，因为我们很少能观察到。大部分鲨鱼每隔两三年才交配一次，人们很难在准确的时间、准确的地点对它们进行监测。现有的很多资料都源自水族馆中圈养的鲨鱼，以及对它们生殖器官的研究。

我们可以通过观察鲨鱼的身体来判断它们的性别。雄性鲨鱼的腹鳍附近有一对沟槽状的器官，叫作"**交合突**"；雌性鲨鱼腹部则有一个通向卵的开口，叫作"**泄殖腔**"。

雌性鲨鱼的卵子和雄性鲨鱼的精子相遇，就能够孕育出新生命。雄性鲨鱼会用它们的交合突把精子送到雌性鲨鱼的泄殖腔里，以增加卵子受精的机会。

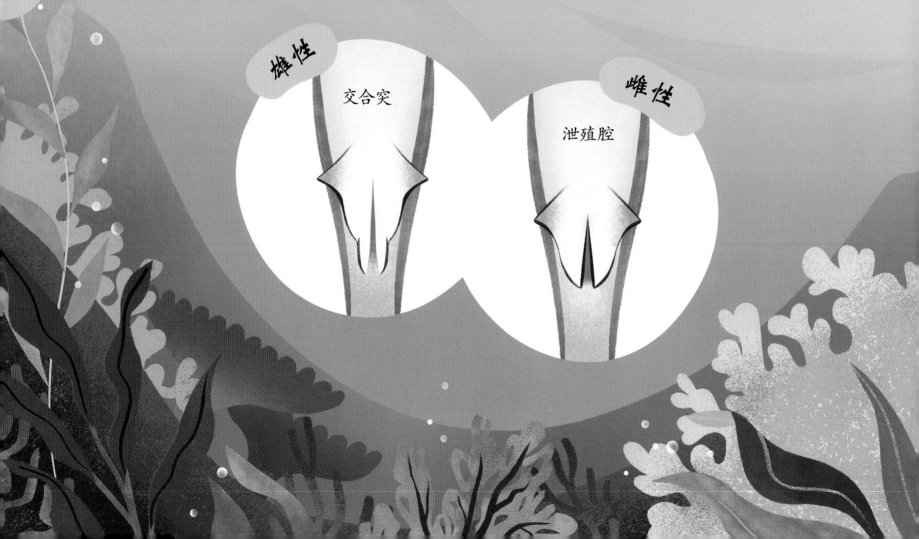

雄性

交合突

雌性

泄殖腔

雌性鲨鱼做好交配准备时，会在水中释放一种特殊的化学物质——**信息素**。雄性鲨鱼嗅到之后，就能循着信息素找到它。

哼唷！

有时，雄性鲨鱼在交配时会咬住雌性鲨鱼的鳍。
不过不用担心，雌性鲨鱼的皮肤比雄性鲨鱼厚实得多。

19

# 鲨鱼宝宝

鲨鱼宝宝即"幼鲨"。不同种类的鲨鱼宝宝以不同的方式诞生。

**澳大利亚虎鲨**等鲨鱼是卵生的，幼鲨在母体外孵化。

**灰鲨、鲸鲨**等鲨鱼是卵胎生的，幼鲨在母体内孵化。

下次去海滩玩的时候，可以试着找一找被冲上岸的鲨鱼卵。鲨鱼卵的形状很奇怪，有的是螺旋形，有的是带尖角的矩形。

有一种鲨鱼卵有个好听的昵称——"美人鱼的钱包"！

还有一些种类的鲨鱼，如**公牛真鲨**和**双髻鲨**，它们的卵也是在母体内孵化，出生时就是幼鲨。

## 你的兄弟姐妹很"美味"吗?

在母体之内，还没出生的时候，有些幼鲨就已饥肠辘辘了。等它们一长出小小的牙齿，就会在子宫内吞噬其他幼鲨。通常，最大、最强壮的幼鲨会吃掉它的兄弟姐妹。

呀!

姥鲨宝宝体长可达2米，和篮球运动员的身高差不多。

# 鲨鱼的近亲

我们是鳐！

鲨鱼的近亲怪模怪样的，它们的骨骼也由软骨组成，包括鳐、鲼和银鲛。

与鲨鱼不同，**鳐和鲼**拥有风筝似的扁平身体，其中很多种类生活在海底，扁扁的身体很适合隐藏在沙子里。

鳐和鲼游泳时，鳍像翅膀一样挥动。
如果有幸能观察它的腹部，你会看到一张非常可爱的"笑脸"。

我们是鳐！

不过要当心，有些种类的鳐和鲼具有危险性：**刺鳐**有一条末端长着毒刺的长尾巴，这是它们保护自己的武器；**锯鳐**有长长的吻突，上面有锋利的锯齿，能一下子将鱼劈成两半；**电鳐**可以放电，要是靠得太近，电鳐会给你一记电击。

呀！

双吻前口蝠鲼是体形最大的蝠鲼，是海洋中的巨人。它们的体宽可达9米，重约1600千克，和一辆小汽车差不多重。"蝠鲼"这个词在西班牙语中是"毯子"的意思，它们在水中游弋的样子确实像一张巨大的毯子。不过，蝠鲼可比毯子聪明多了，甚至是最聪明的鱼类之一。蝠鲼捕食浮游生物时，会做出各种高难度动作，比如凌空翻腾或水中盘旋等。

23

银鲛长相奇特，也被称作海兔、鼠鱼或幽灵鲨。银鲛生活在深海中，行踪神秘，因此很多人都没听说过。银鲛不像鲨鱼那样拥有粗糙的皮肤和锋利的牙齿，而是体表光滑，生有三对板状的牙齿。它们眼睛很大，尾巴细长，鳃孔上覆盖着鳃盖。米氏叶吻银鲛的吻部有个棒状的肉质突起，很滑稽，这是它们在沙质海底觅食的利器。

我们是银鲛！

# 巨齿鲨

鲨鱼是古老的海洋统治者，它们在地球上已经存在了很久。我们人类大约是20万年前出现的，而鲨鱼至少在这里生活了4.5亿年！这意味着，在恐龙出现之前，甚至植物都尚未出现在陆地时，鲨鱼就已经游弋在海洋中了。

现在，许多史前鲨鱼早已灭绝，其中最厉害的就是**巨齿鲨**。

巨齿鲨有276颗牙齿，其中最大的一颗有成年人的手那么大，它们的背鳍高度和成年人的身高差不多。

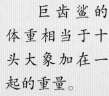

巨齿鲨的体重相当于十头大象加在一起的重量。

巨齿鲨的上下颌张开可达3米，足以把你和朋友们一口吞下！

巨齿鲨的体长可达15到20米，是最大的大白鲨体长的3倍。

## 还记得**格陵兰睡鲨**吗？

它们是世界上最长寿的脊椎动物之一，能活到500多岁！格陵兰睡鲨长得很慢，一年大约长1厘米。令人惊异的是，当150岁时它们才算成年，才能够繁衍后代。

巨齿鲨胃口很大，最喜欢的猎物是鲸。

巨齿鲨灭绝于400万年前，原因尚无定论，可能是因为地球气候变冷，也可能是因为出现了争夺食物的竞争者大白鲨。当你下次去海滩时，可要睁大眼睛，因为说不定会捡到巨齿鲨的牙齿化石。据报道，有人发现过巨齿鲨的牙齿化石，而这些人中还包括一群五六岁的小孩。

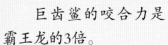

巨齿鲨的咬合力是霸王龙的3倍。

# 可怕的食人鲨

还有比被活活吃掉更可怕的事吗？难怪人类害怕鲨鱼！但请记住，鲨鱼袭击人类的情况非常罕见，而且大多都是因为它们认错了猎物。

新闻报道和影视作品往往会夸大鲨鱼的袭击性，比如经典电影《大白鲨》的主角就是一条吃人的大白鲨，尽管完全是虚构的，却还是引起了恐慌，人们都不敢去海边游泳了！

人类以游客的身份寻访鲨鱼的自然家园，像做客似的拜访它们。如果你胆子够大，可以到斐济的热带水域与公牛真鲨一起潜水，或是置身笼中，与南非的大白鲨一起沉潜。

**大白鲨**有着漆黑的眼睛、尖尖的吻部、锋利的牙齿。它们是包括《大白鲨》在内的许多电影中的反派明星，不过从来不走红毯。

大白鲨是地球上最大的食肉鱼类之一。成年大白鲨身长可达6米，相当于半辆公共汽车的长度。这种可怕的鲨鱼以鱼类、海龟、海豹甚至小型鲸类为食，大多生活在较冷的水域中。

大白鲨很狡猾，平时它们会躲在深水处，突袭游在上方的猎物。它们能够疾速游向猎物，甚至跃出水面，溅起巨大的水花！大白鲨屡有伤人记录，令人闻之色变。不过，尽管在所有的鲨鱼当中，大白鲨造成的人类死亡数量最多，但相较而言，人类被椰子砸死的可能性更大。

嗯？

**长鳍真鲨**有个绰号——海中猎狗。因为它们常常会跟在船只后面，等待食物被抛下船。它们身长3至4米，鳍的尖端有白斑，因而别称"远洋白鳍鲨"。人们不用担心在海滨遭遇长鳍真鲨——它们会绕开浅水区。长鳍真鲨通常独来独往，有时也会聚集成群疯狂进食。

如果你乘坐的船要沉了，可要祈祷附近没有长鳍真鲨！它们会毫不客气地享用困在大海中的人类。

可怕！

在1945年战争期间，美国军舰"印第安纳波利斯号"被鱼雷击中，当时舰上大约有1200人，军舰在太平洋上沉没后，幸存者漂浮在水中等待救援。在这段时间里，长鳍真鲨不约而至，疯狂进食，许多人躲过了鱼雷和海难却没躲过鲨鱼之口。

# 鲨鱼怕人类吗？

不管你信不信，其实鲨鱼更怕人类。葬身鲨鱼之口的人类每年有10人左右，大多是因为鲨鱼不小心把人类当成了猎物，而人类每年捕杀的鲨鱼数量则高达一亿——痛心！这意味着每一秒都有超过3条鲨鱼被人类杀死。

人类为何要杀死鲨鱼？这些鲨鱼又是怎么死的？

有时鲨鱼会误入捕捞其他鱼类的渔网中。这种被渔网捕获的非目标动物，叫作"副渔获物"。

人类将猎杀鲨鱼当作一项运动，并把它们的上下颚、牙齿，乃至整个身体视为战利品。

模样吓人的鲨鱼如**灰鲭鲨、大白鲨**等都是最受追捧的目标。

人类捕杀鲨鱼的另一个目的是食用，为了得到它们的鳍，不惜大开杀戒。在某些地方，鱼翅可以卖出高价，是因为它们是煲汤的珍品。人们将鲨鱼的鳍割下，把身体的其他部分扔回海里。

多么残忍！

# 鲨鱼为何如此重要？

尽管有些鲨鱼看起来很可怕，但我们还是应该感谢它们！

作为掠食者，鲨鱼控制着猎物的数量，在海洋**食物链**中扮演着重要角色。在自然界中，鲨鱼处于食物链的顶端。鲨鱼的减少会导致猎物过剩，从而对海洋生态系统产生负面影响。

生态系统保持着微妙的平衡，身处其中的生物（植物、动物、微生物等）和非生物（矿物、温度等）共同作用，维护整个生态系统的平衡发展。

气候变化也多方面地影响着鲨鱼。首先，海洋变暖可能会使它们青睐的猎物减少，它们要么饿肚子，要么另寻其他猎物。随着海水温度的上升，鲨鱼可能被迫迁往其他水域，入乡随俗，改变口味，这就会导致食物链的破坏。有些鲨鱼喜欢在浅水区这样的"托儿所"诞下宝宝，而气候变化会造成海平面上升，从而影响甚至摧毁浅水区的生态环境。

**科学家**钟爱鲨鱼。鲨鱼很少生病，它们的皮肤能够隔绝微生物，通过研究鲨鱼，科学家可以开发出新的药物和特殊的医疗材料。科学家还通过模仿鲨鱼的皮肤，研制出了应用于飞机和船只的新型材料，以提升其航速。

现在，你对鲨鱼已经有了更多了解，别忘了和身边的亲朋好友分享这些知识！

**图书在版编目（CIP）数据**

不一般的鲨鱼 /（澳）蒂姆·弗兰纳里，（澳）埃玛·弗兰纳里文；（澳）凯蒂·梅尔罗斯图；吴华译.
西安：未来出版社，2024. 11. -- ISBN 978-7-5417-7784-4

Ⅰ . Q959.41-49

中国国家版本馆CIP数据核字第202439FR83号

Original Title: Sensational Sharks
Text copyright © 2023 Tim Flannery and Emma Flannery Illustration copyright  2023 Katie Melrose
Design copyright © 2023 Hardie Grant Children's Publishing
First published in Australia by Hardie Grant Children's Publishing

著作权登记号：陕版出图字25-2024-234

# 不一般的鲨鱼
BUYIBAN DE SHAYU

［澳］蒂姆·弗兰纳里 ［澳］埃玛·弗兰纳里/文　 ［澳］凯蒂·梅尔罗斯/图　 吴华/译

| | | | |
|---|---|---|---|
| **总 策 划**：李桂珍 | | **策划统筹**：高 琳 | |
| **责任编辑**：陈 欣 | | **封面设计**：许 歌 | |
| **出版发行**：未来出版社 | | **社　　址**：西安市登高路1388号 | |
| **电　　话**：029-89122633　89120538 | | **经　　销**：全国各地新华书店 | |
| **印　　刷**：鹤山雅图仕印刷有限公司 | | **开　　本**：889mm×1194mm　1/8 | |
| **印　　张**：5 | | **字　　数**：50千字 | |
| **版　　次**：2024年11月第1版 | | **印　　次**：2024年11月第1次印刷 | |
| **书　　号**：ISBN 978-7-5417-7784-4 | | **定　　价**：40.00元 | |